图书在版编目(CIP)数据

奇妙的湖泊 / 郭娅文 ; 龚伊, 薛滨编. -- 南京 :
南京大学出版社, 2021.12
ISBN 978-7-305-25045-3

Ⅰ.①奇… Ⅱ.①郭… ②龚… ③薛… Ⅲ.①湖泊－
儿童读物 Ⅳ.①P941.78-49

中国版本图书馆CIP数据核字(2021)第211966号
审图号：GS（2013）5189号

出版发行　南京大学出版社
社　　　址　南京市汉口路22号　　邮　编　210093
出 版 人　金鑫荣

书　　　名　奇妙的湖泊
著　　　者　郭　娅
编　　　者　龚　伊　薛　滨
责任编辑　田　甜

印　　　刷　苏州工业园区美柯乐制版印务有限责任公司
开　　　本　889mm×1092mm　1/16　印张 3.75　字数 80千
版　　　次　2021年12月第1版　2021年12月第1次印刷
ISBN 978-7-305-25045-3
定　　　价　38.80元

网　　　址：http://www.njupco.com
官方微博：http://weibo.com/njupco
官方微信号：njupress
销售咨询热线：（025）83594756

· 湖 泊 科 学 绘 本 丛 书 ·

奇妙的湖泊

郭娅 / 文

龚伊 薛滨 / 编

南京大学出版社

序

　　湖泊正如大地的眼睛，既是地表水资源的重要载体，又反映着流域的健康状况，对区域乃至全球环境变化和环境安全具有重要的影响。我国湖泊资源极为丰富，面积 1 平方千米以上的自然湖泊近 2700 个，总面积达 8 万多平方千米，约占我国国土总面积的 1%。然而，过去粗放型的经济增长方式导致了湖泊生态环境破坏和湖泊水资源、生物资源危机，加剧了湖泊周边湿地野生动植物栖息地的破坏。对湖泊生态环境的保护与治理，事关国家生态文明建设和重大区域战略需求，也事关区域、国家乃至全球人类福祉和可持续发展，是统筹山水林田湖草系统治理，建设美丽中国，践行"绿水青山就是金山银山"理念的重要体现。

　　深化湖泊科普教育，使公众深入了解湖泊的分布、格局、现状和问题，了解湖泊资源和生态环境面临的压力和人为破坏的情况，对于提升社会公众湖泊保护的自觉意识、优化人地关系、建设美丽中国、实现中华民族的永续发展具有十分重要的意义。中国科学院南京地理与湖泊研究所作为唯一以湖泊流域为研究对象的国家级研究机构，肩负湖泊研究和治理的主责主业，同时也注重科普传播，近年来，陆续推出的原创湖泊科普系列丛书，成为中国科学院科学文化工程公民科学素养系列推荐读本，得到了社会方

方面面的支持和认可。相关科普图书曾获得"2019 年中国科学院优秀科普图书"称号，其中《诗话湖泊》获得 2020 年第六届"中国科普作家协会优秀科普作品奖"图书类银奖，也入选 2020 年度"全国有声读物精品出版工程"。2021 年丛书入选科技部"全国优秀科普作品"，并荣获 2021 年度江苏省科学技术奖。

习近平总书记强调：科技创新、科学普及是实现创新发展的两翼，要把科学普及放在与科技创新同等重要的位置。科普工作也是科学工作者的使命与担当，让科学走出象牙塔，在社会上生根发芽，意义深远。这本《奇妙的湖泊》是面向广大少年儿童的原创湖泊科学绘本，旨在服务科普教育，吸引少年儿童热爱湖泊，激发他们学习湖泊知识的积极性；同时，进一步传播湖泊科学文化。无疑，这是很有意义的尝试。

中国科学院南京地理与湖泊研究所 所长

2021 年 11 月

前言

　　湖泊是地球的掌上明珠，她的神奇与美妙无处不在。我们想出版一套与湖泊相关的科学绘本，与广大少年儿童分享湖泊的科学知识，这个想法由来已久，但苦于无绘画功底，一直未能如愿。

　　2021 年恰逢中国共产党建党 100 周年，中国科学院南京地理与湖泊研究所与所挂靠的科普特色学会——江苏省海洋湖沼学会联合策划，推出了"校园党旗红　祖国湖泊美"全国主题绘画作品征集大赛，鼓励孩子们用艺术的眼光去发现湖泊之美、探究湖泊之奇。活动反响热烈，我们收到数百份手绘作品，选取其中兼具特色与代表性的优秀作品，与原作者共同商量改进，经整理并配文，完成了《奇妙的湖泊》的出版。该绘本围绕我国湖泊千差万别的自然风光、人文景观，重点介绍湖泊是怎么形成的，湖泊有什么作用，湖泊里有什么，湖泊是怎么被污染的，湖泊污染给人类带来哪些危害，怎么保护湖泊等内容，力求具有科学内涵和传播分享价值，让小朋友们更直观、更清晰、更科学地了解中国的湖泊，并深刻认识到湖泊作为"生命共同体"对其进行保护的重要性和必要性。

　　希望湖泊像你们的眼睛一样清澈，期待你们的未来和祖国的未来一样美好！

作者

2021 年 11 月

目录

千姿百态的湖泊

在我们这个美丽的地球上，
除了蓝色的海洋，
还有一些晶莹闪亮的宝石，
那就是湖泊。

湖泊被誉为大地明珠。它提供了大量淡水资源，丰富了物产，滋润了土地，哺育了人民，成为人类文明发展的摇篮。

我国是一个湖泊资源丰富的国家，湖泊数量众多，类型多样。全国湖泊总贮水量约 7077 亿立方米，其中淡水贮量 2249 亿立方米，占我国陆地淡水资源总量的 8%。全国目前共有 1 平方千米以上的自然湖泊 2693 个，总面积 81414.6 平方千米，约占全国国土面积的 0.9%。

遍布全国的湖泊形成青藏高原湖区、蒙新高原湖区、云贵高原湖区、东北平原与山地湖区、东部平原湖区等五大湖区，其中以中国东部平原和青藏高原湖泊最为密集，形成了中国东西相对的两大稠密湖群。

湖区	$1km^2$ 以上湖泊数量 / 个	数量占比	$1km^2$ 以上湖泊面积 /km^2	面积占比
青藏高原湖区	1055	39.2%	41831.7	51.4%
蒙新高原湖区	514	19.1%	12589.9	15.4%
云贵高原湖区	65	2.4%	1240.3	1.5%
东部平原湖区	634	23.5%	21053.1	25.9%
东北平原及山地湖区	425	15.8%	4699.7	5.8%

★注：中国科学院南京地理与湖泊研究所第二次全国湖泊调查发布数据。

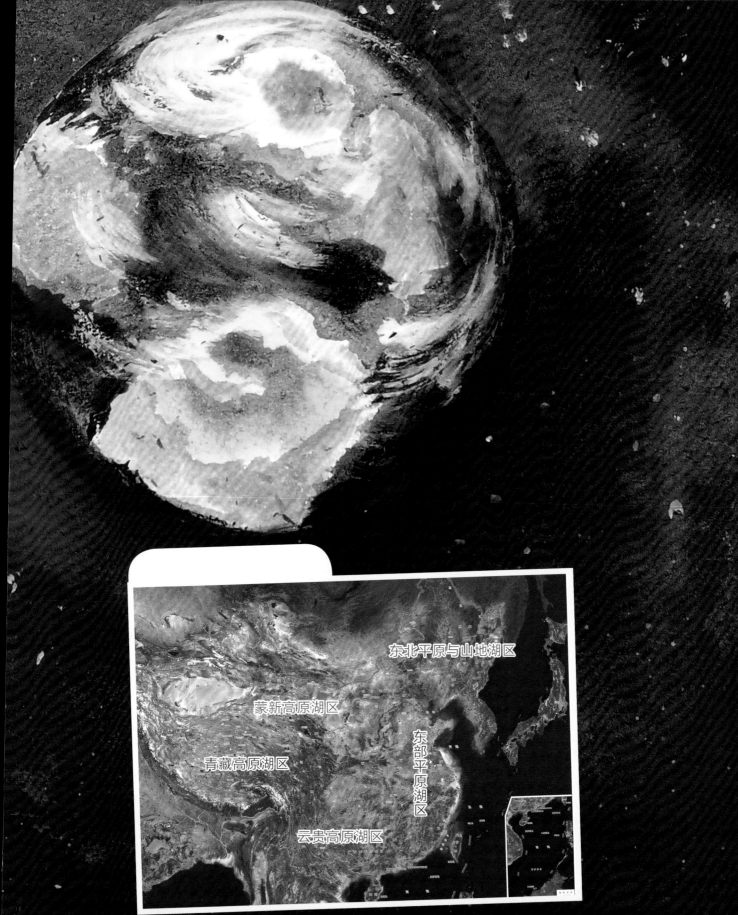

东北平原与山地湖区

蒙新高原湖区

青藏高原湖区

东部平原湖区

云贵高原湖区

波澜壮阔的鄱阳湖
烟波浩渺的洞庭湖
波光粼粼的太湖
物产丰饶的洪泽湖
碧波荡漾的巢湖
风景如画的青海湖
……

犹如一颗颗明珠
点缀着祖国的锦绣山河

鄱阳湖

　　鄱阳湖，古称彭蠡、彭蠡泽、彭泽，地处江西省北部，长江中下游南岸，是长江流域一个重要的过水型、吞吐型、季节性湖泊。鄱阳湖是我国最大的淡水湖泊，平均水深8米，湖泊面积在夏季高水位时可达4000余平方千米，是全球重要的水鸟越冬栖息地。

洪泽湖

　　洪泽湖，位于江苏省西部，淮河下游，面积1500平方千米，平均水深仅为1.7米，是我国第四大淡水湖泊。洪泽湖是淮河流域大型水库、航运枢纽，是我国"南水北调"工程东线部分的重要过水通道，也是渔业、禽畜、水产品的重要生产基地。

巢湖

巢湖位于安徽省中部，属于长江北岸水系，是安徽省境内最大的湖泊，被誉为"皖中明珠"。巢湖水域面积约760平方千米，平均水深2.8米，为我国长江流域五大淡水湖之一。

洞庭湖

洞庭湖，古称云梦、九江和重湖，位于长江中游以南，湖南省北部，曾是我国第一大淡水湖，古有"八百里洞庭"之称，如今面积有所萎缩，仅2600平方千米，平均水深6~7米，是我国第二大淡水湖泊。洞庭湖与长江相通，具强大的蓄洪能力，是长江流域重要的调蓄性湖泊。

青海湖

青海湖位于青海省境内，青藏高原东北部。在藏语中青海湖还有另外一个名字——措温布，意思就是青色的海，湖水清澈碧蓝，湖面广袤如海，古亦称"西海"，是我国最大的内陆湖、微咸水湖。青海湖湖面实测面积4500平方千米，平均水深21米，最大水深为32米，蓄水量达1000亿立方米，是维系青藏高原东北部生态安全的重要水体。

太湖

太湖地处长江三角洲的南缘，横跨江、浙两省，古称震泽、具区，又名五湖、笠泽，是我国历史名湖。春秋战国时期，吴越二国以太湖为界，湖之北为吴，湖之南为越。吴越地区，是著名的水乡泽国，孕育了江南文化，地处吴越中心的太湖便有"包孕吴越"之称。太湖形如弯月，平均水深仅1.9米，湖泊水域面积达2425平方千米，为我国第三大淡水湖。

作用非凡的湖泊

　　湖泊是重要的国土资源，具有调节河川径流、航运、发展灌溉、提供工业和饮用水源、水产养殖、改善区域生态环境，以及文化旅游等多种功能，在国民经济与区域发展中发挥着重要作用。

湖泊作为天然水库，发挥着重要的调蓄作用。丰水期（汛期）河流水位高于湖泊，一部分河水汇入湖泊之中，能够在一定程度上缓解河流干流水量压力；到了枯水期则是湖水水位高于河流，通过湖水补给河流以至于河流水位不会降至更低。比如，洞庭湖和鄱阳湖在调节长江径流上都发挥着重要的作用。

有的湖泊风景秀丽，具有很高的旅游价值。

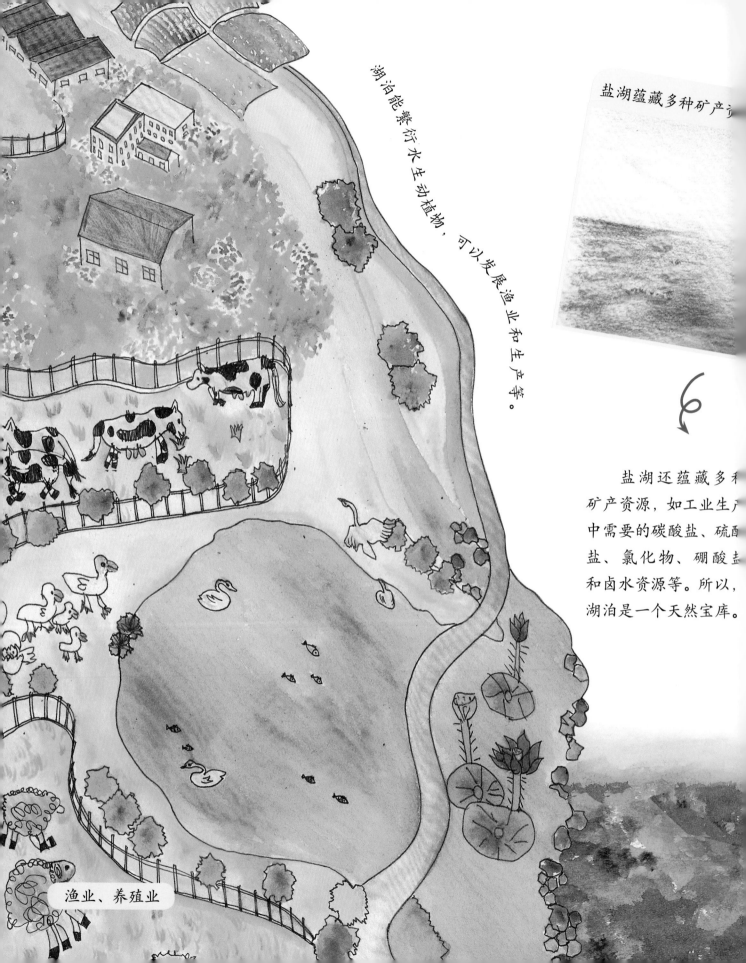

湖泊能繁衍水生动植物，可以发展渔业和生产等。

盐湖蕴藏多种矿产资

盐湖还蕴藏多种矿产资源，如工业生产中需要的碳酸盐、硫酸盐、氯化物、硼酸盐和卤水资源等。所以，湖泊是一个天然宝库。

渔业、养殖业

生活饮用

农田灌溉、生产

湖泊可以灌溉农田、提供工农业生产和饮用水源。

工业生产

11

伟大的成湖力量

　　地球表面的湖泊，不论何种成因类型，它们的形成都必须具备两个最基本的条件：一是可蓄水的陆地洼地，即湖盆；二是可供蓄积的水体，即湖水。其中，洼地是一个地貌概念，而地貌的形成主要受制于地质作用，塑造湖盆的地质作用可分为内力作用和外力作用，分别形成内力湖和外力湖。

　　内力湖：是地球内部力量作用产生的湖泊。如火山活动可以形成火山口湖、堰塞湖，地壳运动可以形成构造湖，这一类湖统称为内力湖。

构造湖

　　构造湖是由地壳的构造运动（断裂、断层、地堑）所产生的凹陷形成。构造湖具有十分鲜明的形态特征，湖岸陡峭且沿构造线发育，湖水一般都很深。比如，位于我国云南高原地区的抚仙湖就是典型的构造湖，最大水深达 150 多米，是我国最大的深水型淡水湖泊。抚仙湖水质为 I 类，是我国水质最好的天然湖泊之一。

火山口湖

火山口湖是火山喷发停止后，火山口成为积水的湖盆而形成。其特点是外形近圆形或马蹄形，深度较大。如我国长白山天池位于长白山主峰锥体的顶部，湖面海拔2189米，湖泊面积10平方千米，略呈椭圆形，平均水深达200米，湖体周围被十六座山峰环绕，雄奇壮观。长白山天池被《中国国家地理》评选为中国最美湖泊之一。

堰塞湖

堰塞湖是由火山活动产生的熔岩流、地震灾害引发的山崩滑坡体、冰碛物等堵截河谷或河床后贮水而形成的湖泊。如我国东北的五大连池就是由300年前火山喷发的玄武岩熔岩流阻塞白河河道形成，蓄水后以彼此相连呈串珠状的5个小湖得名。

外力湖：是在河流、风、冰川等外力起主
导作用的情况下形成的，如海成湖（潟湖）、
冰川湖、河成湖（牛轭湖）、风成湖、岩溶湖等。

冰川湖

冰川湖是由古代冰川或现代冰川的刨蚀或堆积作用形成的湖泊。
冰川湖的特点是大小、形状不一，常密集成群分布。例如，坐落在我
国新疆博格达山脉群山之中的天山天池，就是在200余万年以前第四
纪冰川活动中由于古冰川的运动形成的冰川湖。

海成湖

　　海成湖原为海域的一部分，因泥沙淤积而与海洋分开，形成封闭或接近封闭状态的湖泊。其中最常见的是潟湖，是靠近陆地的浅水海域被沙嘴、沙坝或珊瑚礁所封闭而成。例如，位于我国浙江省杭州市的著名景观湖泊西湖就是海成湖（潟湖），西湖还是现今世界遗产名录中少数几个、中国唯一一处湖泊类文化遗产。

河成湖

　　河流的改道、截弯取直、淤积等，使原河道变成了湖盆，积水成湖。它们通常呈弯曲的条带状，类似人字形的牛轭，故又称牛轭湖，水深一般较浅。在一些河流众多的平原地区，比如我国江汉平原经常可见牛轭湖。

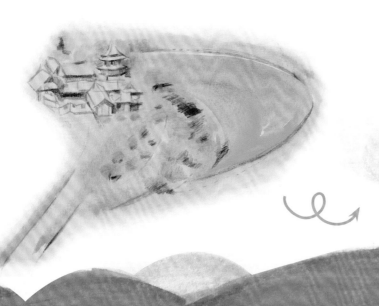

风成湖

　　风成湖是由沙漠中低于浅水面的沙丘间洼地，经其四周沙丘渗流汇集而成的湖泊，多分布在干旱或半干旱地区。这类湖泊一般湖水较浅，面积、大小、形状不一。比如，位于甘肃省敦煌市附近的形如新月的月牙泉，"亘古沙不填泉，泉不涸竭"，被誉为"沙漠奇观"。

　　人类还修建了许多水库，形成一类新的湖泊——人工湖。如千岛湖，就是 1957 年浙江省修建新安江水电大坝而形成的人工湖，南北纵长为 150 千米，宽处达 10 千米，因其包含了 1000 多个大小不同的岛屿，故称之为千岛湖。

岩溶湖

岩溶湖是因碳酸盐类地层经水流的长期溶蚀而形成的岩溶洼地、岩溶漏斗或落水洞等被堵塞，经汇水而形成的湖泊。典型的岩溶湖如位于贵州西部的草海，是贵州最大的天然淡水湖泊，为数百种越冬的鸟类提供了家园，被誉为高原候鸟天堂。

色彩斑斓的湖泊

湛蓝色的火山口湖

　　由于火山口湖深度较大，投射在湖面上的长波辐射穿透能力强都被湖水吸收；而短波的穿透能力弱，容易发生反射和散射，所以湖面反射出来的只是光谱最短的蓝色，我们看到的湖水就成了湛蓝色。我国长白山天池的湖水湛蓝，纯净，梦幻，仿佛一尘不染。

彩色的九寨沟五花海

　　四川九寨沟的五彩湖（五花海），阳光透过林梢撒向湖面，湖水明澈如镜，倒映出林梢的绚丽色彩。此外，湖底的石灰岩层次高低不同，有深有浅，颜色各异，再加上水里的水藻，反射上来，就形成了极为丰富的色彩，把湖面辉映得五彩缤纷。

白色的茶卡盐湖

　　青海茶卡盐湖，被旅行者们称为中国的"天空之镜"，它是在青藏高原隆升过程中，高含盐的汇水在低洼地带蓄积留存形成。由于当地干旱少雨的气候，高蒸发量导致湖水盐度越来越大，盐会自然结晶，最终成为固液并存的盐湖。茶卡盐湖湖面一片白色，将天空、云朵和对岸的山都倒映在湖里，非常漂亮。

粉红色的运城盐湖

  运城盐湖位于山西省运城南部，是山西省最大的湖泊。每到夏季温度较高时，盐湖水变成粉色，非常奇特。这主要是湖水中所含的钾、钠等矿物质和生长着一种叫杜氏盐藻的嗜盐绿色微藻，在特定温度环境下会产生血红素，使盐湖变成了罕见的"玫瑰湖"。

翡翠般的大柴旦湖

  形态迥异、深浅不一的盐池宛如一块块晶莹剔透的"翡翠"，这就是位于青海省海西蒙古族藏族自治州境内的大柴旦盐湖。该湖面积约6平方千米，湖中厚厚的盐层与淡青、翠绿以及深蓝的湖水辉映交替，如宝石般晶莹剔透，故又被称为"翡翠湖"。

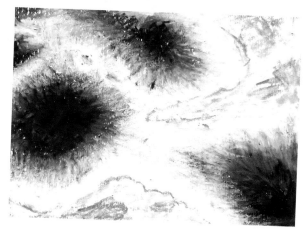

五味杂陈的湖泊

　　湖泊按流域特点分为内流湖和外流湖。内流湖所处地区远离海洋，气候干燥，青藏高原湖区、蒙新湖区基本属于内流湖区，内流湖的湖水不外泄入海，多形成封闭的咸水湖或盐湖；外流湖所处地区气候温和湿润，降水丰富，多为淡水湖泊，其湖水与河流相通，最终汇入海洋。

23

矿化度

　　淡水湖和咸水湖是根据湖水的矿化度划分的。矿化度是指水中含有钙、镁、铝和锰等金属的碳酸盐、重碳酸盐、氯化物、硫酸盐、硝酸盐以及各种钠盐等的总含量。一般用 1L 水中含有各种盐分的总量来表示，单位为 mg/L 或 g/L，矿化度小于 1g/L 的是淡水湖，大于 1g/L 的是咸水湖。

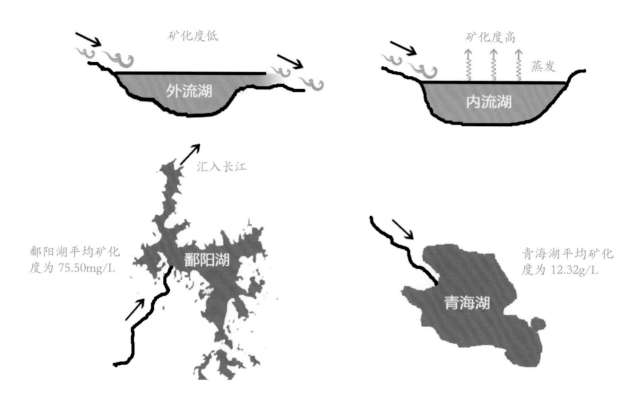

矿化度低
外流湖

矿化度高
蒸发
内流湖

汇入长江
鄱阳湖
鄱阳湖平均矿化度为 75.50mg/L

青海湖
青海湖平均矿化度为 12.32g/L

异味物质

　　受污染湖泊往往会散发出臭味，这其实是湖水中形成的异味物质导致。水中的异味物质分为无机异味物质和有机异味物质两类。无机物中 NO_2、NH_3、SO_2、H_2S 等少数气体具有强烈气味；有机异味物质主要是脂肪烃含氧衍生物、含硫化合物、含氮化合物和芳香族化合物，挥发性有机物大多具有气味。如受污染的湖泊中藻类可以分泌具有异味的挥发性次生代谢产物（含氮含硫异味化合物），引发水体异味问题。研究表明，我国太湖的水有多种气味，主要为臭味、焦味、土霉味、刺鼻味、香味和甜味等。水体异味问题不仅严重影响生态景观和人类休闲旅游地区的美学价值，还会使渔业经济直接遭受损失、人类饮用水质量下降等，且水处理耗资巨大。因此，关于湖泊异味问题的研究和湖泊的治理刻不容缓。

热闹的湖泊生态系统

平静的湖泊中繁衍着丰富的生物群落，这些生物群落与湖泊水体维持着稳定的物质循环和能量流动，它们共同构成了热闹的湖泊生态系统。

水禽

浮叶植物

大型底栖无脊椎动物

挺水植物

大型水生动物

沉水植物

浮游生物

底栖杂食性生物

碎屑、底栖藻类及水生植物

神奇的湖泊变化

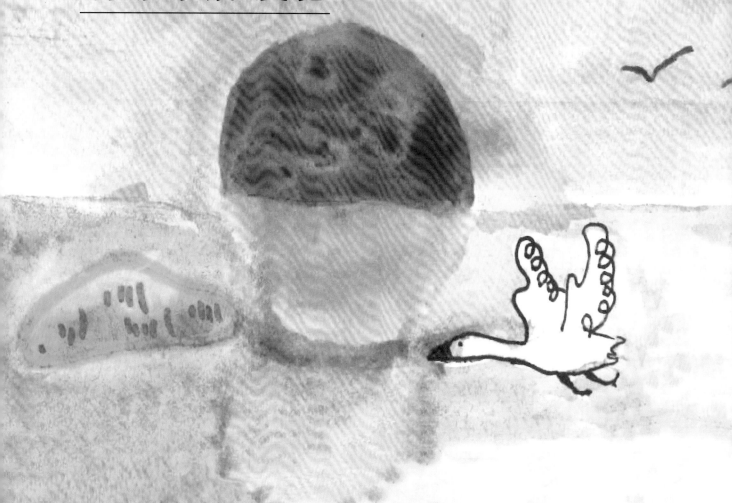

湖泊水量变化

　　我国湖泊水量一般靠雨水补给和冰川融水补给。比如青藏高原上的许多湖泊，为冰川融水补给的湖泊，这类湖泊水量变化对气候变化响应非常敏感，夏季气温高，冰雪融化快，湖泊水量充足，为丰水期；冬季气温低，湖泊冰封，冰雪融化慢，为枯水期。雨水补给的湖泊，在全年降水多的时候是丰水期，降水少的时候为枯水期。

比如鄱阳湖，地处亚热带季风区，降水集中于夏秋季节，冬春季节降水少。夏季受长江流域大范围连续降水的影响，长江干流及各入湖河流向鄱阳湖中大量输水，加上湖盆浅而平坦，鄱阳湖水域面积会迅速扩展连成一片；而冬季降水变少，水域则迅速缩减，丰水期和枯水期鄱阳湖面积差达数十倍，形成"枯水一线，丰水一片"的神奇景象。

鄱阳湖枯水期

鄱阳湖丰水期

湖泊透明度变化

湖水透明度是指湖水能使光线透过的程度，表示水的清澈情况，是湖泊水质评价的重要指标之一。影响湖水透明度的因素主要有太阳高度、悬浮物质和浮游生物。太阳高度角越大，射入湖水中的光量越多，透明度越大；反之越小。湖水中的悬浮物质和浮游生物越多，对光的散射和吸收越强，透明度就越小。另外，入湖径流、风和季节变化对透明度也有一定影响。

2000年至2018年，我国412个抽样调查的湖泊中有289个透明度增加，比例达到70%，说明我国大中型湖泊整体变清，水质呈现好转态势。不过，中国东部和西部的湖泊水体透明度有着明显的周期性季节变化差异，东部湖泊水体透明度夏季最高，而一些西部湖泊水体透明度夏季最低。西部湖泊水体透明度整体高于东部湖泊。

随着透明度的变化，湖泊也会在清水和浊水两种状态之间变化。

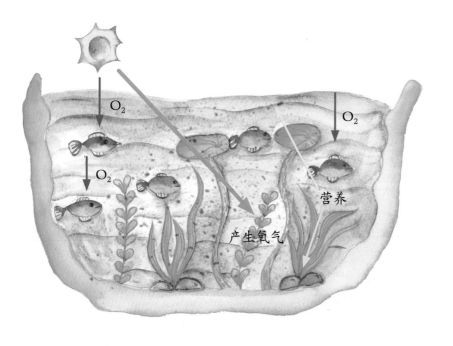

清水稳态

在自然状态湖泊中，湖泊水体清澈，太阳光照能够穿透水体到达水生植物表面，为水生植物光合作用提供能量（初级生产力），而光合作用能够为湖泊生态系统中的其他生命体提供氧气。同时，水生植物的健康生长还能够为水体中的生命体提供避难所以及食物，并且降低水体悬浮颗粒物浓度，降低营养盐释放率，使得整个湖泊生态系统维持在清水稳态。

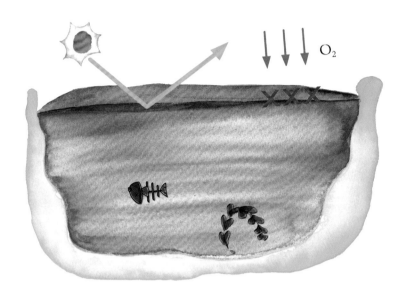

浊水稳态

当湖泊水体中氮、磷等营养物质过剩时，水体中浮游藻类会暴发性生长，覆盖水体表层，导致水体透明度降低，太阳光照无法到达沉水植物表面或光照不足以维持沉水植物的光合作用过程，从而导致沉水植物的衰退甚至逐渐消亡，沉水植物的缺失会加剧湖泊水质的恶化，使湖泊生态系统由清水稳态向浊水稳态转化。

湖泊密度变化 / 湖泊分层

湖泊的内部可不像它表面上那般风平浪静，事实上湖泊并不是均匀的一潭水。尤其是较深的湖泊，随着季节变化会自上而下形成多个层次的有趣现象，这就是湖泊分层。湖泊分层主要是由湖水温度不同导致上下水体密度不同形成。

水在4℃时密度最大，会沉入湖底。湖的表面是即将到达冰点的水层。这样，湖从表面开始结冰，这对湖泊中的生物在冰下度过冬天具有重要意义。

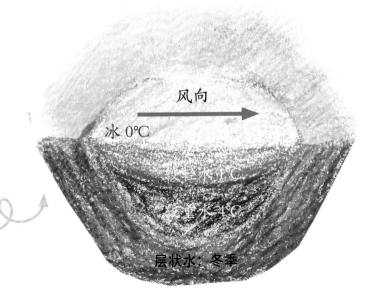

层状水；冬季

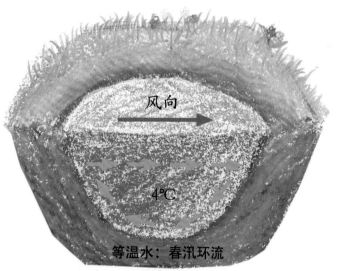

等温水：春汛环流

进入春天，受到阳光的影响，湖水表面开始变暖，水体开始循环，循环过程一直持续到整个湖的水温至4℃，这时湖水已经全部混合。

夏

到了夏天，湖泊上层的水体由于受到太阳照射变成暖水浮在温度相对较低、密度相对较大的冷水水体上。暖水与下层的冷水之间形成一个很薄的过渡区域，这个过渡区被称为温跃层。

等温水：夏季

秋

秋天的时候，由于天气逐渐转凉，上层水体跟着冷却，从而密度变大，逐渐下沉。这样，整个湖泊的水体混合在一起，使各种矿物质、植物体和一些其他养分能够得到及时的更新和供应，而养分中所含的氮、磷元素恰恰能够促进植物和藻类的生长。

等温水：秋泛环流

湖泊的长期变化

生老病死是大自然的规律，湖泊也不例外。相对于山川、海洋而言，湖泊的生命要短暂得多，一般只有几千至万余年。 湖盆淤积和湖水干涸是湖泊消亡的两大原因。前者使得湖泊逐渐变成沼泽，最终演化成陆地；后者则导致湖盆萎缩，湖水咸化，最终变成干盐湖。另外人类活动引起的湖泊蓄水量减少、湖泊富营养化等也在湖泊消亡中扮演着重要角色。

湖泊中的生物不断地向水体排放废弃物，这些废弃物和死去的有机物残体，为藻类的生长提供如硝酸盐、磷酸盐之类的养分。

许多年之后，湖泊中的养分越来越多，水体发生富营养化。富营养化导致藻类疯长，在湖水表面形成一层厚厚的绿色浮渣。当水藻层逐渐变厚，以致阳光被遮挡时，湖泊里的植物因为无法通过光合作用合成养料和氧气而渐渐死去。

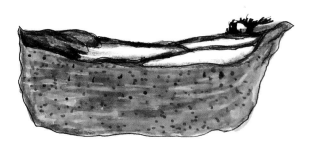

大量死亡的水生生物沉积到湖底，并逐渐腐烂，水中的氧含量急剧下降，从而使鱼类和其他动物得不到足够的氧气。腐烂的动植物逐渐在湖底堆积，从而使湖泊变浅，形成浅滩或沼泽。

在阳光的照耀下，水温进一步升高，越来越多的植物在营养丰富的湖泊底部扎根，最终整个水体都被植物覆盖。于是，剩下的水分被逐渐蒸发，湖泊干涸，多草的低地替代了原来的湖泊。

受伤的湖泊

气候变化

　　在过去几十年中，气候变暖，我国西部干旱区蒸发量增加，再加上人类过度引水灌溉等原因，使得流入湖泊的水量锐减，造成湖泊普遍萎缩，甚至一些湖泊干涸消失。比如我国历史上著名的罗布泊曾是一个浩瀚大湖，最大时湖泊面积曾达5000多平方千米，在20世纪70年代的卫星遥感影像中反映已完全干涸，成为广袤的干盐滩，寸草不生。

江湖阻隔

  历史上，长江中下游地区湖泊密布，均与长江自然连通，形成了自然的江湖复合生态系统。近几十年来，大规模开发、筑堤和建坝等人类活动，导致长江中下游绝大部分湖泊失去了与长江的水力联系，目前大型通江湖泊仅剩洞庭湖和鄱阳湖2个。随着经济社会的发展，江湖阻隔的负面影响也日益凸显，湖泊淤积加重、面积萎缩、调蓄洪水能力下降、水质恶化。特别是生物多样性明显丧失，中华鲟、白鲟数量急剧减少，岩原鲤、长身鳜等十多种鱼类已列入易危品种。

围垦与网围养殖

　　东部湖泊围垦与网围养殖严重。20 世纪 50 年代以来，长江中下游地区有三分之一以上的湖泊被围垦，围垦总面积达 13000 余平方千米，消亡的湖泊达 1000 余个。围垦造成湖泊容积减少，直接导致江河来洪难以蓄纳，湖泊蓄泄功能严重失调，在相当程度上引发了江湖、河湖洪水位的不断升高，带来严重的灾害隐患。

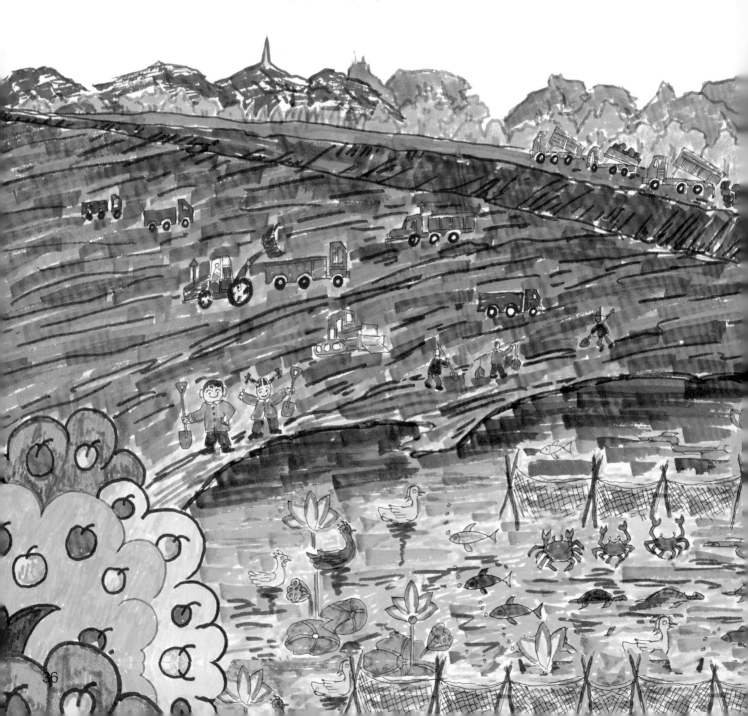

在 20 世纪 70—80 年代，为了有效开发利用大水面产生经济效益，围网养殖技术被广泛应用，解决了当时居民食物短缺问题。随着经济发展和人们饮食消费水平的提高，水产养殖的经济效益也快速提升，湖泊围网养殖泛滥，面积不断扩大，加之宏观管理失控，导致许多湖泊的围网养殖已远远超出湖泊本身所能承受的能力，湖泊生态系统被破坏。比如，东太湖的围网养殖面积曾一度达到湖泊总面积的 70% 以上，"水上人家"在湖面星罗棋布，大量螃蟹养殖破坏水草植被，大量饵料投放污染湖泊水体。

过度捕捞

长江中下游地区的湖泊基本都是浅水湖泊，加上适宜的气候条件，湖泊渔业产量丰富，长江流域河湖渔业产量约占全国淡水渔业产量的 60%。过度捕捞直接导致湖泊渔业资源严重衰退，渔获物的低龄化、小型化、低质化现象严重，捕捞生产效率和经济效益明显下降。特别是许多优质生物种类受到严重破坏和消失，无法继续利用。

湖泊富营养化

　　湖泊水体富营养化是指湖泊中氮(N)、磷(P)等营养盐含量过多而引起的水质污染现象。这些营养物质主要来自水土流失、农业施肥、水产养殖中饵料投放过多、畜牧业渔业中的排泄物、工业废水和生活污水不合理的排放等。大量的氮和磷等营养物质流进湖泊，导致藻类和其他浮游生物快速繁殖，降低了水体中的溶解氧(DO)含量，大量鱼类死亡，水质因此恶化。自然界中，水体富营养化是破坏生态平衡，甚至导致整个湖泊生态系统崩溃的过程。湖泊富营养化也是当今世界面临的最主要的水污染问题，我国三分之二的湖泊已处于富营养状态。

蓝藻是一种原核生物，是最早的光合放氧生物，对地球表面从无氧的大气环境变为有氧环境起到巨大作用。大规模的蓝藻会引起水质恶化，严重时耗尽水中氧气造成鱼类死亡，更为严重的是有些蓝藻种类含有毒素，能直接对鱼类、人畜造成毒害。

富营养化水体表面生长着以蓝藻、绿藻为优势种的大量藻类，形成一层带有腥臭味的"绿色浮渣"，称为水华。

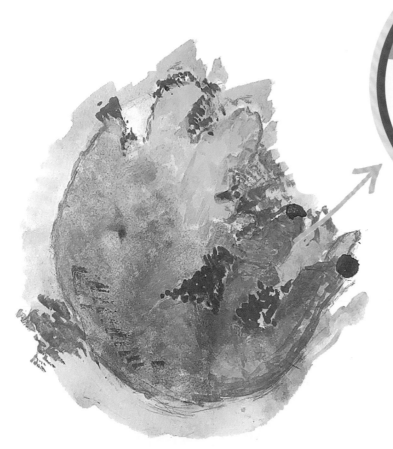

2007年太湖发生了有史以来最严重的蓝藻水华危机，造成无锡全市自来水污染，生活用水和饮用水严重短缺。

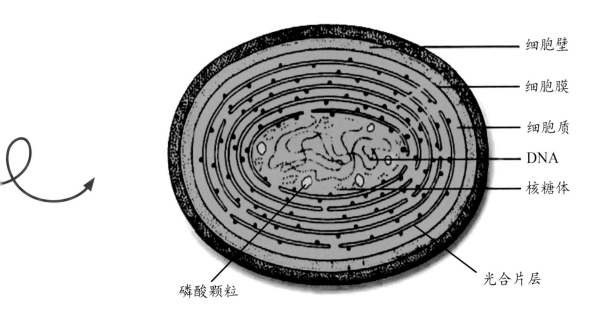

细胞壁

细胞膜

细胞质

DNA

核糖体

光合片层

磷酸颗粒

造成感官污染

藻类分解出有害物质

引起水质恶化

消耗水中溶解氧，
严重影响鱼类生存

减少鱼类活动空间

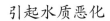

N   P   N   P

保护湖泊做点啥

保护立法

保护湖泊生态环境，必须加强湖泊水环境保护的专门立法。虽然在国家层面上，我国还没有专门的湖泊管理法，但现有的法律规定已经涵盖了湖泊保护，主要包括《中华人民共和国宪法》以及《中华人民共和国水法》《中华人民共和国环境保护法》《中华人民共和国水污染防治法》和《中华人民共和国渔业法》等有关法律法规。《中华人民共和国湿地保护法（草案）》即将出台。与此同时，各省市还针对所管辖区域内重点湖泊的不同特性，因地制宜地制定了相关法规与条例，真正践行"一湖一策"。

近年来各级政府响应国家要求纷纷设置了"河湖长制"。河湖长制以保护水资源、防治水污染、改善水环境、修复水生态为主要任务，通过构建责任明确、协调有序、监管严格、保护有力的河湖管理保护机制，为维护河湖健康生命、实现河湖功能永续利用提供制度保障。

政府管理

按照国家山水林田湖草系统保护的要求，划定并严守生态保护红线，实现一条红线管控重要生态空间，确保生态功能不降低、面积不减少、性质不改变。

公众参与

公众参与是实现湖泊保护和监督的重要手段之一。通过每年世界地球日、世界环境日、世界水日、中国水周、放鱼节等活动普及湖泊保护知识，增强社会公众的湖泊保护意识。鼓励社会组织、志愿者参与湖泊保护与监督。

科学治湖

湖泊的兴衰，也引起了专家学者们的重视，他们提出了一系列基于生态文明建设基本理念的科学治湖新思路，在截污控源的基础上通过生态修复让湖泊休养生息。

入湖流域截污控源
截断污染源，对点源污染
和面源污染进行治理

清水型植物群落构建

湖泊生态修复

湖泊生态修复是指通过一系列措施将已经退化的水生生态系统恢复或修复到其原有水平，尽快建立起适合湖泊水体状况的健康生态系统，从而进一步促进湖泊生态环境的不断改善。一般是通过人工干预的方式，包括重建干扰前的物理环境条件、调节水和土壤环境的化学条件、减轻生态系统的环境压力（减少营养盐或污染物的负荷）、原位处理（采用生物修复或生物调控的措施），包括重新引进已经消失的土著动物、植物区系，尽可能地保护水生生态系统中尚未退化的组成部分等。通过湖泊生态系统的恢复，提高其抵御外部环境变化和自我修复的能力。

植被恢复

构建层次丰富的水生及湖滨带植物体系，发挥栖息地场所营造、食物来源供给和水质净化功能。

底栖放养

通过投放数量合适、物种配比合理的水生动物（浮游生物、底栖动物、捕食性鱼类、草食性鱼类等），可营造水生态系统的消费者层次，延长食物链，提高生物净化效果。

生态净化

通过微生物菌剂的投放使用，分解内源性污染（进入湖泊中的营养物质通过各种物理、化学和生物作用，逐渐沉降至湖泊底质表层，当累积到一定量后再向水体释放营养物质所造成的污染），提升水体的自净能力。

阳光

底质改良

通过在底泥上布置不规则石块等，为鱼、虾、蟹等水生动物提供空间异质性（空间异质性越高，意味着有更加多样的小生境，能允许更多的物种共存）。

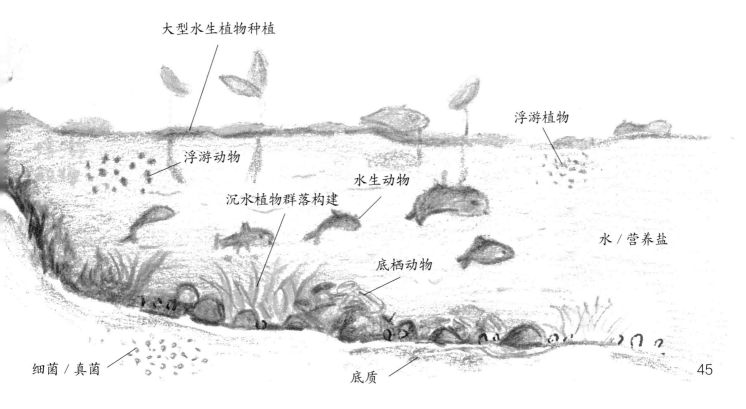

大型水生植物种植

浮游植物

浮游动物

水生动物

沉水植物群落构建

底栖动物

水 / 营养盐

细菌 / 真菌

底质

湖泊的梦想

有的湖泊

静静地徜徉在人迹罕至的高山丛林

滋养生灵　默默奉献

有的湖泊

热情地奔流于日新月异的现代城市

无私给予　造福一方

合理利用

休养生息

是湖泊的梦想

奇妙的湖泊
有着绝美的风景
古往今来
留下无数的颂吟

奇妙的湖泊
有着传奇的身世
沧海桑田
汇成宝贵的资源

奇妙的湖泊
有着独特的功能
无私奉献
给养又包容万物

奇妙的湖泊
有着鲜活的生命
四季轮回
生息又繁衍生息

奇妙的湖泊
滋润一片土地 哺养一方人民 孕育一种文明
所以啊，聪明的人儿
请保护好我们的湖泊
就像呵护我们的眼睛

致 谢

　　《奇妙的湖泊》全书插图都是由来自全国中小学的同学们亲手绘制，并向我们授予图片版权，衷心感谢为本书提供手绘作品的各位小伙伴们！

陈芮琪	南京市金陵中学实验小学	小学		李芊含	镇江市实验小学	小学
陈雨蝶	南京市聋人学校	高中		李紫暄	南京市科利华小学	小学
陈韵如	南京市北京东路小学	小学		廖怀瑾	南京师范大学附属小学	小学
陈竹	南京市聋人学校	高中		刘力通	南京市北京东路小学	小学
戴雅君	南京市宁海中学	高中		柳霖暄	南京外国语学校河西初级中学第一附属小学	小学
杜澜钦	北京市人大附中北大附小联合实验学校	初中		卢乐燃	山东省梁山县第一实验小学	小学
范云泰	南京市秦淮外国语学校小学部	小学		逯婷	南京市宁海中学	高中
甘力允	江西省丰城市子龙小学	小学		钮培家	南京市宁海中学	高中
金卓越	南京市宁海中学	高中		欧阳浩博	江西省丰城市实验小学	小学
孔悦琪	南京市宁海中学	高中		屈楚丰	上海市杨浦区许昌路第五小学	小学

饶雪琪	北京市十二中科丰校区	高中	夏梦晗	南京市小营小学	小学
沙玉婷	南京市琅琊路小学	小学	谢瑞泽	南京市银城小学	小学
单泽宁	南京市宁海中学	高中	徐益臻	南京市秦淮外国语学校小学部	小学
施齐凡	上海市宝山区第一中心小学	小学	杨逸涵	南京市聋人学校	高中
宋唐梓煜	南京市北京东路小学	小学	于行至	南京市北京东路小学	小学
谈沐昕	南京市北京东路阳光分校	小学	岳 然	南京师范大学附属小学	小学
汤冰冰	南京市宁海中学	高中	昝星羽	南京市金陵小学	小学
汤立同	南京市秦淮外国语学校小学部	小学	张晨轩	武汉市光谷第一小学	小学
田成梅	南京市聋人学校	高中	张劲萱	南京市宁海中学	高中
王尔楠	南京市宁海中学	高中	赵 洋	南京市宁海中学	高中
王玟珺	南京市北京东路小学	小学	郑舜艺	南京市北京东路小学	小学
王昕晨	南京师范大学附属小学	小学	朱昕伊	南京市北京东路小学	小学
王岳洋	南京市秦淮外国语学校小学部	小学	祝欣然	南京师范大学附属小学仙鹤门分校	小学
吴奕萱	南京市栖霞区实验小学尧辰路分校	小学	祝悦然	南京市赤壁路小学	小学
			邹昊洋	南京市秦淮外国语学校小学部	小学